U0200637

中国文化知识读本

Zhongguo Wenhua
Zhishi Duben

中国十大名茶

主编 金开诚

编著 郗秋丽

吉林出版集团有限责任公司

吉林文史出版社

图书在版编目（CIP）数据

中国十大名茶 ／ 郗秋丽编著. —— 长春 ：
吉林出版集团有限责任公司 ：吉林文史出版社，2009.12 （2023.4重印）
（中国文化知识读本）
ISBN 978-7-5463-2010-6

Ⅰ．①中… Ⅱ．①郗… Ⅲ．①茶－文化－中国 Ⅳ.
①TS971

中国版本图书馆CIP数据核字(2009)第237347号

中国十大名茶

ZHONGGUO SHI DA MINGCHA

主编／金开诚 编著／郗秋丽

项目负责／崔博华 责任编辑／曹 恒 于 涉

责任校对／王凤翎 装帧设计／曹 恒

出版发行／吉林出版集团有限责任公司 吉林文史出版社

地址／长春市福祉大路5788号 邮编／130000

印刷／天津市天玺印务有限公司

版次／2009年12月第1版 印次／2023年4月第4次印刷

开本／660mm×915mm 1/16

印张／8 字数／30千

书号／ISBN 978-7-5463-2010-6

定价／34.80元

前言

　　文化是一种社会现象，是人类物质文明和精神文明有机融合的产物；同时又是一种历史现象，是社会的历史沉积。当今世界，随着经济全球化进程的加快，人们也越来越重视本民族的文化。我们只有加强对本民族文化的继承和创新，才能更好地弘扬民族精神，增强民族凝聚力。历史经验告诉我们，任何一个民族要想屹立于世界民族之林，必须具有自尊、自信、自强的民族意识。文化是维系一个民族生存和发展的强大动力。一个民族的存在依赖文化，文化的解体就是一个民族的消亡。

　　随着我国综合国力的日益强大，广大民众对重塑民族自尊心和自豪感的愿望日益迫切。作为民族大家庭中的一员，将源远流长、博大精深的中国文化继承并传播给广大群众，特别是青年一代，是我们出版人义不容辞的责任。

　　本套丛书是由吉林文史出版社和吉林出版集团有限责任公司组织国内知名专家学者编写的一套旨在传播中华五千年优秀传统文化，提高全民文化修养的大型知识读本。该书在深入挖掘和整理中华优秀传统文化成果的同时，结合社会发展，注入了时代精神。书中优美生动的文字、简明通俗的语言、图文并茂的形式，把中国文化中的物态文化、制度文化、行为文化、精神文化等知识要点全面展示给读者。点点滴滴的文化知识仿佛颗颗繁星，组成了灿烂辉煌的中国文化的天穹。

　　希望本书能为弘扬中华五千年优秀传统文化、增强各民族团结、构建社会主义和谐社会尽一份绵薄之力，也坚信我们的中华民族一定能够早日实现伟大复兴！

目录

一、西湖龙井

龙井茶叶糕点

龙井新茶龙井泉，一家风味称烹煎。

寸芽出自烂石上，时节焙成谷雨前。

何必凤团夸御茗，聊因雀舌润心莲。

呼之欲出辨才在，笑我依然文字禅。

这首《坐龙井上烹茶偶成》是 1762 年（乾隆二十七年）乾隆皇帝第三次南巡杭州时踏访西湖龙井所作。乾隆皇帝喜爱饮茶，留下不少写茶的诗篇，他一生六次南巡到杭州，曾四次驾临西湖茶区观看采茶制茶，品尝西湖龙井，传说他在狮峰茶区巡游时还有一段佳话。乾隆帝曾到胡公庙中休息，庙中寺僧奉上当地名茶，乾隆帝喝了一口，觉得满口清香，回味甘甜，仔细观察，洁白的茶盏中片片嫩绿的茶芽像鹰爪，清汤碧液，美妙无比，便问："此茶何名，产于何处？"寺僧答道："此乃西湖龙井茶中珍品狮峰龙井，茶树就生长在小庙之外。"乾隆帝走出庙门，见坡上十八棵茶树郁郁葱葱，龙颜大悦，当场封这十八棵茶树为御茶，年年进贡。从此，西湖龙井更加声名远播，"龙井问茶"也成为西湖十景之一。

乾隆品西湖龙井，不仅因为龙井品质上乘，也是因为当时西湖龙井茶就已经小有名气了。西湖龙井的历史最早可以追溯到唐朝，当时著名的茶圣陆羽的《茶经》中就有杭州

茶树嫩叶

西湖龙井

龙井村茶田

天竺、灵隐二寺产茶的记载，这是世界上第一部茶叶专著。北宋时期，西湖龙井茶区已初步形成规模，文豪苏东坡曾写下"白云峰下两旗新，腻绿长鲜谷雨春"之句赞美龙井茶，并亲手书写"老龙井"等匾额，至今仍存于十八棵御茶园中狮峰山脚的悬岩上。到

茶树

了南宋，杭州成了国都，茶叶生产也有了进一步的发展。元朝时，僧人居士看中龙井一带风光幽静，又有好泉好茶，常结伴来饮茶赏景，虞伯生就在《游龙井》中写道"徘徊龙井上，云气起晴画。澄公爱客至，取水挹幽窦。坐我檐莆中，余香不闻嗅，但见飘中清，

大佛龙井茶园

翠影落碧岫。烹煮黄金芽，不取谷雨后。同
来二三子，三咽不忍漱。"到了明代，龙井茶
开始走进平常百姓家里。明代万历年间的《杭
州府志》有"老龙井,其地产茶,为两山绝品"
之说，加上明代黄一正及江南才子徐文长收
录的全国名茶中，都有龙井，说明此时的龙
井茶已被列入中国名茶之列了。

现在，西湖龙井已被列为国家外交礼品
茶，居我国名茶之首。了解了西湖龙井的历
史之后，我们来了解一下它的常识。

西湖龙井属绿茶类，产于浙江省杭州市
西湖周围的群山之中。西湖湖畔气候温和,
常年云雾缭绕,雨量充沛,加上土壤结构疏松,
土质肥沃，茶树根深叶茂，常年翠绿，从春
至秋，不断萌发茶芽，茶产量和质量都很高。
西湖所产龙井茶色泽嫩绿或翠绿，鲜艳有光,
香气清高鲜爽，滋味甘甜，形状扁平挺直,
大小长短匀齐，以"色绿、香郁、味醇、形美"
四绝著称于世。

西湖龙井因产于西湖边上的狮峰、龙井、
云栖、虎跑一带，历史上曾分为"狮、龙、云、
虎"四个品类，民国后，梅家坞龙井也位列
其中，现在统称为西湖龙井茶。这五个品种
中，人们多认为狮峰山所产的茶叶最佳。狮

龙井茶嫩芽

峰龙井颜色是翠绿和"糙米色"相间，而且绿、黄两色浑然天成，形状扁平似碗钉，香气高雅、持久。冲泡茶叶时杯子先扣几分钟，揭盖就会闻到兰花豆特有的香气，其中还有几丝蜂蜜的甜味儿，喝至三分之一续水时，香气更是浓烈扑鼻，再喝一半续水时，口感依然醇厚。由于茶的优良品质和乾隆帝留下的十八棵"御茶树"的美名，狮峰龙井一直被誉为龙井中的极品。排名第二的是龙井村所产的茶，龙井村位于西湖之西翁家山的西北麓，有一口龙井，是杭州四大名泉之一，龙井茶便得名于龙井。龙井原名龙泓，是一个圆形的泉池，大旱不涸，古人认为它与海相通，其中有龙，故称龙井。离龙井五百米左右有个还龙井寺，

明前龙井

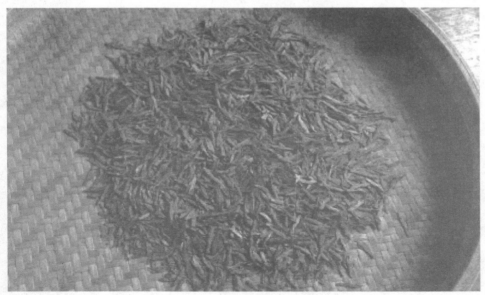

明前龙井

俗称老龙井，创建于公元 949 年，现已辟为茶室。龙井所产茶叶也是上品。至于云栖和梅家坞一带的龙井，外形也都挺秀、扁平光滑，色泽翠绿，味道鲜爽，数茶中上品，但品质略逊于前两种。

关于虎跑，还有一则有趣的民间传说。据说很早以前虎跑的小寺院里住着大虎二虎两兄弟，负责给庙里挑水。有一年夏天大旱，久不降雨，吃水非常困难，兄弟俩就想起南岳衡山的"童子泉"，决定要去衡山把童

茶碗和茶盘

子泉搬来。二人奔波到衡山脚下时就都昏倒了，醒来只见眼前站着一位手拿柳枝的小孩子，这是管"童子泉"的小仙人。小仙人听了他俩的诉说后用柳枝一指，水洒在他俩身上，兄弟二人立刻变成两只猛虎，小仙人跳上虎背，带着"童子泉"直奔杭州。第二天，杭州有两只猛虎从天而降，在寺院旁的竹园里刨了一个深坑，突然狂风大作，大雨倾盆，雨后，深坑里涌出一股清泉。大家方才明白是大虎和二虎给他们带来的泉水，为了纪念大虎和二虎给他们带来的泉水，他们给泉水起名叫"虎刨泉"，逐渐被人们叫成"虎跑泉"。虎跑泉居西湖诸泉之首，和龙井泉一起被称为"天下第三泉"，用虎跑泉泡龙井茶，色香味绝佳，"龙井茶叶虎跑水"被誉为西湖双绝。

除了产地，还可根据采摘的时节对西湖龙井分类。清明前三天采摘的称"明前茶"，明前茶最符合"色绿、香郁、味醇、形美"的标准，嫩芽刚长出来，像莲心一样，又叫"莲心茶"，叶片比较小，颜色呈草绿或者深绿，香气清新，泡出来的茶很香，茶汤清澈，是西湖龙井茶中的珍品，一斤干茶约需几万颗嫩芽方可炒制而成。清明后到谷雨前采摘的

龙井茶园

西湖龙井

叫"雨前茶",谷雨之前,茶柄上长出一片小叶,正是茶树"一叶一芽"的时候,形状似旗,茶芽稍长,形状似枪,俗称"一旗一枪",故又称"旗枪茶"。雨前茶颜色较明前茶暗,茶汤略混,用来制龙井茶也很香醇。不过,谷雨后采的茶就变差了,龙井的茶农有句谚语便与茶叶的幼嫩有关:"早采三天是个宝,迟采三天变成草"。谷雨后主要是立夏采茶,这时采摘的茶叫"雀舌",再过一个月采摘的茶叫做"梗片"。

茶叶采摘后要放在平的竹扁里自然阴干,走掉三分之一的水分才开始炒制,这样可以散发茶叶的青草气,增进茶香,减少苦涩味,增加氨基酸含量，提高鲜爽度，还能使炒制的龙井茶外形光洁，色泽翠绿，不结团块，提高茶叶品质。过去，龙井都是人们用手炒制而成，手法很复杂，一般有抖、带、甩、挺、拓、扣、抓、压、磨、挤十种手法，炒制时根据鲜叶大小、老嫩程度和锅中茶坯的成型程度，不断变化手法，只有掌握了熟练技艺的人，才能炒出色、香、味、形俱佳的龙井茶。现在很多地方采用电锅，既清洁卫生，又容易控制火候和温度，保证茶叶质量。但是，要保持茶叶的颜色翠绿、香味醇高和外形美观，仍是手工炒制比较好，像极品西湖龙井不仅要全部手工炒制，而且每锅一次只能炒二两，一个熟练的炒茶能手，一天也只能炒出二斤多干茶。

西湖龙井

高级龙井的炒制分三步：杀青、回潮和辉锅。杀青时锅温约100℃，逐渐降至50℃左右，把100克左右的阴干鲜叶放到锅里不停用手翻炒，开始时以抓、抖手式为主，散发一定的水分后，逐渐改用搭、压、抖、甩等手式进行初步造型，压力由轻而重，达到理直成条、压扁成型的目的，炒至七八成干时起锅，历时约十五分钟。起锅后进行回潮，把半成品放在竹器皿里盖上毛巾，让它还潮完全软化，这需要一个小时左右。摊凉后经过筛分，筛底、中筛、筛面茶分别进行辉锅，辉锅是为了是进一步整型和炒干，通常四锅青锅茶叶合为一锅辉炒，锅温60℃—70℃，掌握低、高、低过程，手的压力逐步加重，主要采用抓、扣、磨、压、推等手法，需炒制二十五分钟左右，其要领是手不离茶，茶不离锅。当炒至茸毛脱落，扁平光滑，茶香透出，折之即断，含水量达 5 ～ 6% 时，即可起锅。摊凉后再用簸箕簸去黄片，筛去茶末即成上等龙井茶。

茶叶制成，就要讲如何饮茶了。首先，茶叶不用倒太多，能覆盖住杯底就够。其次，泡龙井的水应为75—85℃，千万不要用100℃

茶具

采茶的妇女

的沸水，因为龙井茶叶本身十分嫩，如果用太热的水去冲泡，会把茶叶烫坏，而且还会把苦涩的味道一并冲泡出来，影响口感。倒水时要高冲、低倒，因为高冲时可使热水冷却得更快。茶泡好，倒出茶汤后，如果不打算立即冲泡，就该把盖子打开，不要合上，茶冲泡的时间要随冲泡次数而增加。龙井不仅能给人味觉和嗅觉上的满足，更可给人视觉上的享受，喜爱品茗的人还可以观察龙井在水中婀娜多姿的形态美……

二、洞庭碧螺春

成套的茶具

碧螺春是中国著名绿茶之一，因产于江苏省吴县太湖洞庭山之上，又名洞庭碧螺春。听到碧螺春三个字，很多人都会感觉，这真是个美丽的名字，其实，关于这个名字的由来，还有一则美丽的传说。

相传很久以前，在太湖洞庭西山（洞庭山有东西两山，东山是太湖边的半岛，西山则是湖中的岛屿）上住着一个叫碧螺的女子，她不仅美丽善良，还有一副圆润清亮的嗓子，附近的人都很喜欢听她唱歌，她的歌声常常飘到与西山隔水相望的东山上，东山上有一个正直勇敢的青年阿祥，他被碧螺优美的歌声所打动，渐渐对碧螺产生了爱慕之情。

有一年，太湖里出现了一条恶龙，它不仅在太湖上兴风作怪，还扬言要劫走碧螺作它的夫人，阿祥为保护百姓和碧螺的安全，勇敢地去找恶龙决战，他和恶龙连续大战七个昼夜，双方都身负重伤，百姓斩除恶龙后将阿祥救回了村里。为报答救命之恩，碧螺把阿祥抬到自己家里，亲自为他疗伤，但阿祥却因为伤势严重而一直处于昏迷状态。有一天，碧螺在阿祥与恶龙交战的地方发现了一株小茶树，为纪念阿祥大战恶龙的功绩，碧螺将这株茶树移植到洞庭山上精心呵护。

陆羽像

茶园

清明过后，茶树不仅枝繁叶茂，还吐出了碧嫩的芽叶，碧螺就把它采摘回家泡给阿祥喝，没想到阿祥喝了茶后，顿时神清气爽。此后，碧螺便每天上山采茶给阿祥，阿祥的身体渐渐复原了，但是，善良的碧螺却因劳累过度，最终憔悴而死。为了纪念碧螺，人们便把这株神奇的茶树称为碧螺茶。

这就是传说中碧螺春的由来，此外，还有另一种说法是碧螺春本名并非如此，而是叫做"吓煞人香"茶。据史料记载，在洞庭东山碧螺春峰的石壁上，长着几株野茶树，每年的茶季，当地老百姓都会采摘这些茶叶自己饮用。有一年，茶树长得特别茂盛，人们采摘时竹筐装不下，便只好把茶叶放在怀中，没想到茶被怀里的热气一熏，发出了奇特的香气，人们惊呼"吓煞人香"，该茶便由此得名。后来，清朝康熙皇帝南巡时游览太湖，当地巡抚献上精致的"吓煞人香"茶，康熙皇帝品尝后觉得色香味俱佳，只是名字不雅，便题名"碧螺春"，这就是碧螺春茶的由来。后人猜测，康熙取名"碧螺春"，不仅是因为该茶来源于碧螺春峰之上，更因为茶叶本身有颜色碧绿、形状似螺、春天采制的特点，美名配佳茶，此后，碧螺春便成为清廷贡茶，

采茶的人们

逐渐闻名于世了。

　　如今，在洞庭山上，到处可以看到碧螺春茶，不仅如此，茶树间还有很多果树，如枇杷、橘、梅、杨梅、银杏等，这些果树和茶树种在一起，根脉相连，不仅形成了绿荫如画的美景，还可以使茶树吸收果香，从而令碧螺春生出了一些独特的品质，正如当地人所描述的那样："花香果味、鲜爽生津"。此外，洞庭山温和的气候、丰富的降雨量、湿润的空气和肥沃的土壤等优良的自然地理环境，对茶树的生长也极为有利，使碧螺春形成了芽多、嫩香、汤清、味醇的特点，成为茶中珍品。现在，洞庭碧螺春共分为七级，一至七级芽叶逐渐变大，茸毛逐渐减少，500克一级的洞庭碧螺春，约有六万五千个茶芽，而二级碧螺春就只有五万五千个左右了。因此，最好的碧螺春都是精挑细选的嫩茶，其品质特点是芽叶柔嫩翠绿、披满茸毛，条形纤细卷曲、像螺一样，茶泡好后汤色碧绿鲜明，香气浓郁芬芳，滋味鲜醇甘厚，由此，碧螺春还得到了"一嫩三鲜"之称（指芽叶嫩，色、香、味鲜）。

当然，洞庭碧螺春的优良品质不只源于得天独厚的自然环境，更得益于精细的采摘和制作工艺。碧螺春的采摘有三大特点，一是摘得早，二是采得嫩，三是挑得净。首先，

茶园一景

茶叶

碧螺春茶的采摘从农历的春分开始，到谷雨结束，和其他茶叶一样，以清明前采摘的茶叶较为名贵，品质较为细嫩；其次，碧螺春的采摘有一定的标准，通常采一芽一叶，越幼嫩越好，在历史上曾有 500 克干茶达到九万个茶芽的顶级碧螺春；再次，采摘下来的芽叶还要进行拣剔，摘除稍长的茎梗及较大的叶片。人们一般按照这个早采嫩摘、一

泡茶用量要适宜

芽一叶、细剔精选的原则，在清晨五点到九点采摘，在中午前后拣剔质量不好的芽叶，然后在下午至晚上炒茶。

目前，人们仍大多采用手工方法炒制碧螺春，其程序分为杀青、炒揉、搓团焙干三步，三道工序在一锅内一气呵成。首先是杀青，当地又成为"扑"，杀青有用平锅的也有用斜锅的，锅的温度约为120℃，将500克左右的芽叶投入锅中，用抖闷结合的炒法，将茶捞净抖散。杀青的程度要求均匀充足，最后要使芽叶的青气消减、发出茶香，一般从杀青到焙干大约需要四十分钟。其次是炒揉，当地又称为"勘"，此时的锅温约为50—60℃，

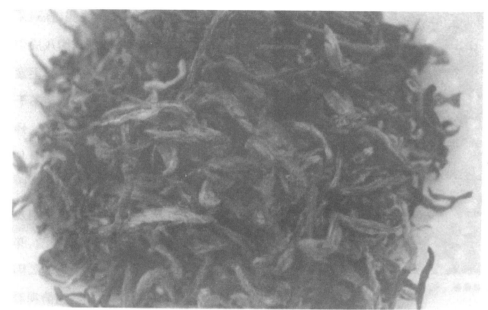

碧螺春

用炒、揉、抖的手法交替进行按茶加压，使芽叶沿锅壁进行公转与自转，当看见茶汁被揉出附于锅面、叶卷成条且不粘手时，就要降低锅温进行搓团焙干了，这一过程约历时五至七分钟。需要注意的是，在炒揉的过程中压力应该较轻，时间也不宜过长，如果压力重或炒时长的话，就会擦脱茸毛，产生断碎，不符合外形的要求了。最后一步是搓团焙干，此时的锅温约为 40℃，这个步骤是使芽叶条形卷曲，并搓显茸毛和完成干燥的过程，要一边炒一边搓团。搓团，就是将锅中的茶条捞起一部分握于手心中，用两手搓转成茶团后再放到锅中焙烤，这样依次把茶全

碧螺春

部搓完，再重复搓，直到芽叶形成条形卷曲状。等炒搓到约八成干时，搓团的力气可稍稍加重，以使茸毛显出。茸毛显出以后，再轻搓轻炒使茶干燥，当茶的干燥程度达到九成以上时，炒制就完成了，炒成茶叶理想的含水量是 8～9% 左右。

优异的自然条件和精细的采制加工，促成了碧螺春"形美、色艳、香浓、味醇"四绝，这其中，第一绝就是"形美"，因此，我们品碧螺春时，不妨在饮用前观看一下它的造型美。首先，将茶叶放入透明的玻璃杯中，然后用少量80℃的开水浸润茶叶，等茶叶舒展开后，再把杯斟满，这时，就会看到杯中犹如雪片纷飞，真是"白云翻滚，雪花飞舞"，碧螺春卷曲成螺、满身披毫、银白隐翠的景象让人赏心悦目。过一会儿，热水溶解了茶中的营养物质，碧螺春就会变成绿色沉入杯底，又形成另一番春满大地的景象，此时，清香袭人，啜一口碧螺春，就会感到茶汤浓郁，满口生津，可以慢慢体味碧螺春的浓香淳味了。

古诗有"洞庭碧螺春，茶香百里醉"，如今，碧螺春的茶香已经飘到世界各地，应该是"洞庭碧螺春，香飘满世界"了。

三、武夷岩茶

武夷岩茶属六大茶类（红茶、绿茶、青茶、白茶、黑茶、黄茶）之中的青茶（俗称乌龙茶）类，是青茶中的极品，产于福建省崇安县南的武夷山。武夷山多是由红色砂岩形成的石峰、岩壁，茶农利用岩石的缝隙，沿边砌筑石岸种茶，在山坑岩壑之间便产生了片片"盆栽式"茶园，武夷山也有了"岩岩有茶，非岩不茶"之说，武夷岩茶由此得名。另外，武夷山地处中亚热带，四季温暖，雨量充沛，山间云雾弥漫，空气湿润，良好的气候使茶树生长十分茂盛，产生了品质上乘的武夷岩茶。

武夷岩茶具有悠久的历史。早在南北朝时期，武夷岩茶在社会上就已经初具知名度。

云南茶室一角

武夷岩茶

到唐朝时，武夷岩茶已经被民间作为馈赠佳品，有诗为证："武夷春暖月初圆，采摘新芽献地仙。"等到宋朝时，武夷岩茶的清香甘味逐渐受到社会上层人士的青睐，一些官员还把武夷岩茶作为珍品奉上取宠，武夷岩茶逐渐被列为贡品。元代以后，武夷岩茶开始远销海外。到明清时期，终于成为世界名品。当时的外国人甚至把武夷岩茶的名字当成中国茶叶的总称，可见其普及范围十分广泛。

经过上千年的历史发展和人们的精心培育，武夷岩茶的品种逐渐增多，如今，武夷山已经获得了茶树品种王国的美誉，各种各样的武夷岩茶让人目不暇接。为了保护名品，

武夷肉桂茶

国家颁布了武夷岩茶的分类标准，将诸多武夷岩茶划分为肉桂、水仙、名丛、大红袍、奇种五个系列。其中，肉桂和水仙都是武夷岩茶的当家品种；名丛是指品质优异、具有特殊风格的单株茶树；大红袍是武夷名丛之首，单列为一个品种；奇种是由当地的菜茶品种采制而成。下面我们分别介绍一下武夷岩茶的这五个种类。

肉桂又称玉桂，是用武夷岩茶的制作方法制成的肉桂茶叶，因为它的香气和滋味像桂皮香，所以被称为"肉桂"。肉桂早在清代就产生了，由于其品质独特，逐渐被人们认可，种植面积逐渐扩大，今天，肉桂已经成为武

夷岩茶的主要品种了。肉桂茶树属于无性系的大型灌木，其成品茶的特征是外形卷曲，色泽褐绿且油润有光泽，香气浓郁带桂皮香，茶汤橙黄清澈，滋味醇厚回甘，绿色红镶边，冲泡多次后仍有肉桂香。

和肉桂一样，水仙茶也是武夷岩茶的主要品种。在武夷岩茶的诸多品种中，水仙茶是历史比较悠久且种植面积最大的品种，它的茶树属于无性系、小乔木型，叶大且厚，成品茶条索壮实、色泽乌绿油润，冲泡后香气浓郁，具有兰花的清香，汤色浓艳呈深橙黄色或金黄色，滋味醇厚回甘，叶底黄亮，叶缘有明显的朱砂红边或红点，十分耐冲泡。

再来看名丛。名丛不是茶树的一个品种，而是指单株茶树，它们由于品质优异，被单独选出来进行培育。绝大多数的名丛都是灌木型茶树，茶叶大小中等，成品茶外形紧实匀整，色泽青褐油润，具有天然的幽长花香，汤色橙黄明亮，滋味醇厚甘爽。名丛的品质十分优越，其中大红袍、铁罗汉、白鸡冠、水金龟、半天妖、白牡丹、金桂、金锁匙、北斗、白瑞香被人们称为十大名丛。在十大名丛中，排名前四位的大红袍、铁罗汉、白鸡冠和水金龟被公认为是武夷岩茶中品质最卓越的四大名丛，其中，大红袍已被单独列为武夷岩茶的一个品种；铁罗汉是武夷岩茶

武夷山御茶园

中最早的名丛，产于慧苑岩内的鬼洞和竹窠岩的长窠，茶树未经开花，茶汤却带有浓郁的鲜花香，品质十分独特；白鸡冠生长在慧苑岩外鬼洞和武夷山公祠后山，茶叶颜色淡绿鲜亮，叶面开展，春稍顶芽微弯，茸毫显露就像鸡冠，因此得名"白鸡冠"；水金龟产于牛栏坑社葛寨峰下的半崖上，因茶叶浓密且闪光，模样宛如金色之龟，又因传说中清末年间，此树曾引起诉讼，费金数千，被人们奉为宝树，故名"水金龟"。

　　四大名丛中排名第一的大红袍，在武夷岩茶中声誉最高，是乌龙茶中的极品。大红袍茶树生长于武夷山天心岩九龙窠的高岩峭壁之上，岩壁上至今还保留着天心寺和尚的"大红袍"石刻，关于这个名字的由来，还有一则美丽的传说。古时候有个秀才进京赶考，路过武夷山时病倒在路上，天心庙的老方丈看见后泡了一碗茶给他喝，秀才的病就好了。后来，秀才金榜题名中了状元，被招为驸马，便在一个春日里来到武夷山谢恩，老方丈带他来到九龙窠的三棵茶树下，告诉他就是这种树的茶叶泡的茶治好了他的病，并说此茶可以治百病，状元听了，便采制了一盒茶叶准备进献给皇上。状元带茶回京后，正遇上皇后肚子胀痛、卧床不起，他立即献茶让皇

采摘新茶

茶园

后服下，竟然茶到病除，皇上大喜，将一件大红袍交给状元，让他代表自己去武夷山封赏。状元到达武夷山，便将皇上赐的大红袍披在茶树上以示皇恩，没想到大红袍一掀开，三株茶树都在阳光下闪出红光，人们认为茶树被大红袍染红了，就把这三株茶树叫做"大红袍"。

大红袍品质十分独特，它的芽头微微发红，阳光照射茶树和岩壁时反射红光，十分醒目。现在，大红袍仅存六株，十分名贵，已经作为重要的文化遗产被政府重点保护。与其他名丛相比，大红袍冲到第九次仍不脱离原来的桂花香味，而其他名丛经七次冲泡

茶园

味就已经很淡了，可见大红袍品质的卓越。

除上述四种茶外，由武夷山的菜茶品种采制而成的茶被称为奇种。奇种多为野茶，其特征为外形紧结匀整，色泽油润，呈铁青色且略带微褐色，奇种有天然花香而不强烈，滋味醇厚甘爽，汤色橙黄清明，叶底欠匀净，最大的特点是与其它茶适量拼配时能提高味感却不夺其味，比较耐久储。和其他四个品种相比，奇种的品质略差。

武夷岩茶品种虽多，也有其共同点，它们都以香高持久、味浓醇爽、饮后留香、绿叶镶红边、汤色晶莹黄亮而享有盛誉，不仅如此，武夷岩茶的采摘和制作也都有其独特之处。首先，武夷岩茶的采摘重在春夏两季，一般不采秋茶，其中，春茶的产量约占全年产量的80%，质量也最好，夏茶产量约占10%，质量次之，再次是秋茶。春茶的采期约为二十天，多在立夏前采摘；夏茶的采摘在芒种前的两三天；秋茶则在处暑节前后采摘。采茶时，要根据茶树的品种、生长特点和制茶要求采用不同的采摘时间和方法，另外，采摘武夷岩茶要等朝雾初散、阳光照射时开采，到傍晚前采完。和绿茶不同的是，武夷岩茶要等新梢长到顶芽开展后才开始采（俗称"开面采"），最好是顶芽全展后再采

武夷山茶园风光

武夷岩茶

摘（俗称"大开面"），如果采摘过早，茶叶不够成熟，成品就会香低味薄；如果采摘过迟，茶叶变老，品质也会变低。所以，采摘武夷岩茶要看茶树新梢的生长情况，掌握好时间采摘。

其次，武夷岩茶属青茶，它的制法兼收并蓄红绿茶制作工艺的精华，独具风格。武夷岩茶的制作，要经过晒青、摇青、凉青、杀青、揉捻、初焙、焙干等工序。首先是晒青，晒青就是把茶叶放在阳光下晾晒，要在下午傍晚日落前进行，目的是使叶片失水分，凋萎变软，失去青气。其次是摇青，所谓摇

茶园风光

青，就是把经过晒青的茶叶放在竹筛里回旋摇动，使叶片的边缘相互碰撞并与筛底磨擦而稍稍损伤，促使叶缘发酵变红，这样，叶片中没有受到损伤的部分仍保持绿色，茶叶就形成了"绿叶红镶边"的效果。摇青之后，把茶叶摊凉在阴凉通风的地方，叫做凉青。摇青和凉青要反复进行，等到茶叶叶脉透明、叶面黄亮、叶边形成银朱色且有兰花香气，就可以进行杀青了。高温锅炒杀青可以制止茶叶继续发酵，使它的色、香、味稳定下来。杀青之后就是揉捻，让茶叶条索松散，成条状。然后是初焙，此时茶香尚低，复烘焙干后，茶香才会变得浓烈。烘焙虽是最后一步，却也是青茶制作工艺中最讲究的一步，文火慢焙才是发扬青茶香气的精湛工艺，茶叶要在低温下烘焙长达六至八个小时，温度一定要掌握好，过低不能烘出茶的香气，过高又会带火味。上等青茶的含水量要求达到3%左右，远低于绿茶的8%，制成后干燥易于保存，具有持久的香气。

武夷山功夫茶艺展示

当然，这么复杂的工艺制成的武夷岩茶，冲泡时味道也别具一格。前文提到过，一般的武夷名丛经过七次冲泡仍有余香，而品质至极的大红袍冲泡九次后仍然芳香四溢，可

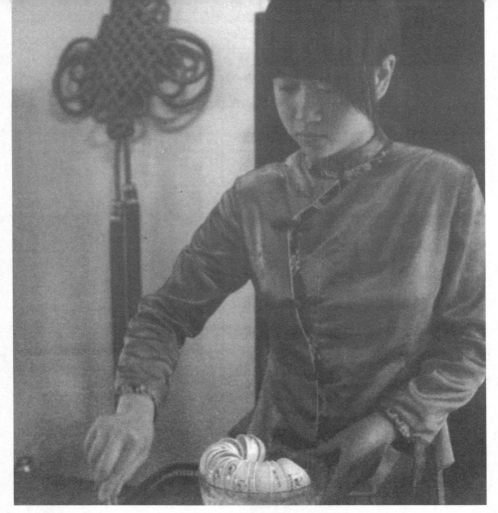

武夷山功夫茶艺展示

见武夷岩茶胜似兰花而深沉持久的香气不是浪得虚名。另外，武夷岩茶以活、甘、清、香的特点久享盛誉，品茶时可根据这些特点判断武夷岩茶质量的高低。范仲淹用这样的诗句赞美武夷岩茶："黄金碾畔绿尘飞，紫玉瓯心雪涛起。斗茶味兮轻醍醐，斗茶香兮薄兰芷。"能品得这色如黄金、香如兰芷的武夷岩茶，也算得人间一大美事了。

四、安溪铁观音

一杯香茗

安溪铁观音是我国著名青茶之一，产于福建省安溪县。安溪境内多山，气候温暖，雨量充沛，茶树生长十分旺盛，产生了很多优良的茶树品种如铁观音、乌龙、水仙、奇兰、毛蟹、黄校、梅占等，但尤以铁观音的品质最为优异。铁观音既是茶叶名称，也是茶树名称。这种茶树起源于清雍正年间，不仅天性娇弱，而且产量不高，但是，所产茶叶却香高味醇，是茶叶中的佼佼者，因此，铁观音茶树还得了"好喝不好栽"之名，铁观音茶也因此而更加名贵。如今，安溪铁观音已经驰名中外，尤其受到东南亚一带消费者的赞赏。那么，"铁观音"这个惟妙惟肖的名字

采茶

由何而来呢？

相传清朝时，安溪松岩村有个老茶农魏荫，他在一天夜里梦见自己来到一条小溪旁，突然在石缝中发现一株枝繁叶茂、芳香特异的茶树。第二天醒来，他便顺着梦中的道路寻找，果然找到了那株茶树。只见树上的茶叶叶肉肥厚，青翠欲滴、嫩芽紫红，魏荫十分高兴，便把这株茶树移植回自己的家中精心培育。后来，这株茶树所产茶叶被尧阳人王仕让进献给礼部侍郎方苞，方苞见这茶叶芳香非凡，便转而进献给乾隆皇帝。乾隆饮后对此茶大加赞赏，他见此茶味香形美、乌润结实、沉重似铁、美如观音，便赐名"铁观音"。

由此可见，"铁观音"这个名字，和它的品质特征有很大关系。从外形上看，安溪铁观音茶条卷曲，肥壮紧结，质重如铁，色泽沙绿，整体形状像蜻蜓头。从内质来看，安溪铁观音具有独特的兰花香或花生香，香气浓郁持久，人们称它带有"观音韵"，冲泡七次后仍有余香。冲泡以后，安溪铁观音的汤色金黄好似琥珀，叶底肥厚柔软，艳亮均匀，青心红镶边，煞是好看。综合来看，安溪铁观音最大的特征是干茶沉重、颜色墨绿而冲

茶树枝叶

茶花

泡后叶底肥厚软亮。根据以上的特点，我们便可以通过茶的色、香、味鉴别出安溪铁观音了。

安溪铁观音一年可以采春茶、夏茶、暑茶、秋茶四期茶，春茶的采期在立夏前后，夏茶的采期在夏至后，暑茶的采期在大暑后，秋茶的采期在白露之前。在四期茶中，春茶具有香高、味厚、耐泡的特点，质量最好，产量也最高，约占全年总产量的一半左右；夏茶的产量次之，约占全年产量的四分之一，但夏茶的叶薄，香味较低且带涩味；再次是暑茶，产量约占全年的 15%，品质较夏茶好些；产量最低的是秋茶，仅占全年的 10%，虽然产量低，秋茶却香气高锐，有"秋香茶"之名，尽管不及春茶香浓耐泡，在秋季里也算得上是茶中的佼佼者了。

除了时节外，天气对安溪铁观音茶的采制也有很大影响，通常是晴天有北风时所采制的茶叶品质最好，而阴天或朝雾未散叶面带露时采制的茶叶品质较差，雨天采制的茶叶品质就更低了。这是因为，乌龙茶的制作首先要经过晒青这道程序，根据茶农的经验，如果在晴有北风的凉爽天气里晒青，"叶中行水均匀，能去苦水"，制出的茶叶香高味浓。

如果在气温高的南风天气里晒青，叶子就会失水过快，容易泛红，制成的茶叶香低味薄，如果在雨天制茶，茶中还会有"水竹管味"，不仅香低味淡，汤色也暗，品质更低。所以，茶农一般都会选择晴且有北风的天气，在上午十点到下午三点前采茶，然后再开始制作。另外，茶农采茶时也有一定的采摘标准，一般要等顶芽开展（俗称"大开面"）、新梢长到四五叶时才开始采摘，采摘时，新梢长到五叶的要采三叶留二叶，长到三叶的要采二叶留一叶。

茶山

安溪铁观音的制作分为晒青、摇青、凉青、杀青、初揉、初烘、包揉、复烘、烘干九道工序。首先是晒青，一般在下午日落前进行，将叶片摊置在架上轻晒，以叶稍萎软、叶色转暗、拿起新梢叶片下垂弯转为晒青适度。晒青后，将茶叶转移到室内，用手轻轻翻动，把茶叶摊成凹形，使叶片透气，防止茶叶变红（即俗称的"死青"）。然后是摇青凉青，这个过程是促使茶叶发酵，达到"绿叶红镶边"品质的关键。需要注意的是，在摇青的过程中，必须保持室温较低、湿度较高的环境。春季要防止室温下降，夏季要防止热气侵入，因而，门窗要紧闭。另外，与一般乌龙茶相比，

晒干的茶叶

一杯清茶

铁观音的叶质较厚，因而摇青的转数也要多于一般乌龙茶。摇青时，要掌握"先慢后快、先轻后重、春茶多摇、夏茶少摇、看青做青"的原则，两人各持竹筛的一边前后往复摇动，使叶子在筛中均匀地受到摩擦，每次摇青后，把茶叶转入竹盘里，放置架上凉青。凉青时，要用布覆盖叶子以减少水分蒸发。摇青凉青要反复进行，遍数视当天天气、叶的氧化进展程度而定，不能机械地规定摇青投叶量、次数、转数、凉青时间等数字，"看茶制茶，因叶因时制宜"才是上策。

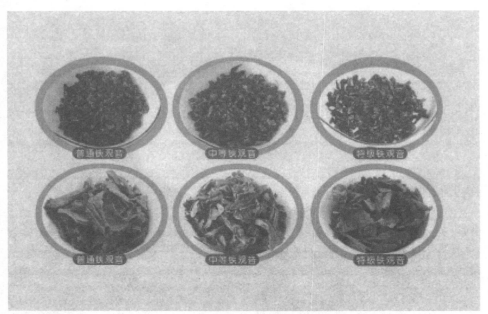

安溪铁观音

然后是杀青，这一工序的作用是制止叶的氧化作用。由于铁观音叶质较厚，杀青时必须加焖炒操作，以使叶片变软，利于揉条紧结，等焖炒至叶软、色深、青气消失、清香透露，茶叶大约减轻四成的重量时，就可以进行初揉了。初揉要揉出茶汁，使茶叶形成条索，约揉十二分钟。然后是初烘，这一步的目的既是防止揉后的氧化作用，也是为了蒸发去部分水分，收缩条索，为后面的包揉打好基础，初烘要在100℃的温度下烘二十至三十分钟，以茶不粘手为适度。下一步是包揉，将茶装入布袋揉成团块，然后扎紧袋口，加重压揉捻，十至十五分钟后解开散热进行复烘，然后再进行第二次包揉，这次除加重压揉捻外，还要逐渐收缩布袋，使茶卷更紧实，六至八分钟后再扎紧揉袋，使茶在袋中定型二十分钟，出袋后再复烘，达到七成干开始"文火慢焙"，在约70℃的温度下烘两至三个小时，掌握好烘温和程度，才能制出香高味爽的好茶。

　　安溪铁观音不仅制作工艺精细，冲饮方法也别具一格。内行人喜欢用小巧精致的茶具和山岩间的泉水泡茶，首先用沸水洗净茶具，然后在壶中装入大约占壶一半容量的茶叶，冲以沸水，然后用壶盖刮去浮上来的泡沫，此时即有一股兰花香扑鼻而来。盖好壶盖后一两分钟，将茶汤倒入小盅内，就可以品尝

茶园揽趣

杯中茶

味美回甘的安溪铁观音了。制好的安溪铁观音不仅香高味醇，具有一般茶叶的保健功能，还有清热降火、清咽醒酒、抗癌、抗动脉硬化、防治糖尿病、防治龋齿等医疗功效，真不愧为乌龙茶中的珍品。

五、屯溪绿茶

屯溪绿茶，简称屯绿，是我国极品绿茶之一，有"绿色黄金"的美誉。屯溪绿茶产于安徽省黄山脚下的休宁、歙县、黟县、宁国、绩溪和祁门等地，是皖南地区数县绿茶的统称，因历史上曾在屯溪茶市总经销，故名"屯溪绿茶"。屯溪绿茶外形纤细美观，颜色绿灰带有光泽，形状略弯恰似老人的眉毛，因此又称眉茶。

屯绿的香气清高持久，味道浓厚醇和，是历史名茶，约产于盛唐时期，距今已有一千余年的历史了。在明朝万历年间，皖南一带就有数家茶号制作绿茶外销，屯绿开始在国际市场崭露头角，但当时还没有固定的

绿茶

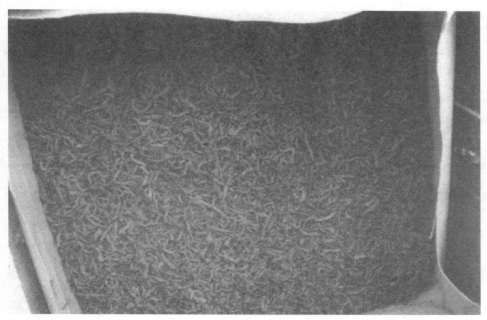

名称。等到清光绪年间，屯溪已经茶号林立，皖南地区及附近的浙赣等地出产的炒青绿茶，大部分都集中在屯溪外销，民间还流传着"未见屯溪面，十里闻茶香，踏进茶号门，神怡忘故乡"的民谣，屯溪逐渐得到了"茶城"的美誉，"屯溪绿茶"也逐渐誉满国内并销往欧洲和美国了。清末民初年间，屯溪地区有一百多家茶商经营绿茶，民间有"屯溪船上客，前渡去装茶"之说，屯绿的外销达到了鼎盛时期。1949年建国以后，我国重视屯绿的产销，屯绿开始销往俄罗斯、沙特阿拉伯、加拿大及东南亚等八十多个国家和地区，得到世界人民的认可。

采茶

屯溪绿茶

屯溪绿茶之所以得到众人的认可，是源于它优异的品质。从外形来看，屯绿条索纤细匀整，稍弯如眉，色泽绿润起霜，芽峰明显；从内质来看，屯绿香气清高馥郁，蕴涵着花香或熟板栗香，汤色嫩黄清明，滋味浓厚甘醇。良好的品质造就了屯绿"叶绿、汤清、香醇、味厚"的美誉。那么，屯溪绿茶的优异品质是如何造就的呢？

首先是优越的自然环境。屯溪绿茶产于黄山周边地区，不仅具有气候温暖、雨水充足、土质松疏等一般茶区都具备的条件，还有山高谷深、云雾弥漫，溪涧遍布、林木茂盛等

茶道

茶山远眺

特点，绵延百里的崇山峻岭和纵横交错的溪流泉水，构成了屯绿茶区"晴时早晚遍地雾，阴雨成天满山云"的环境。在这种湿润荫蔽的自然条件下，茶树天天都处在云雾的滋润之中，受不到寒风烈日的侵蚀，茶叶长得十分肥厚，制成的茶叶也就经久耐泡。此外，屯绿的茶区内遍地鲜花，采茶时节正值花开，四野芳香，茶叶受到花香的熏染，也变得特别地清香。值得注意的是，在诸多茶区中有一种洲地茶园，经河流长期冲积，淤泥淀积，土层十分肥沃深厚，不仅透水性好，还富含有机质，茶树长势更是茂盛，产出了很多屯绿中的珍品，如祁门四大名家和休宁四大名

茶园

家等。可以说，是大自然的鬼斧神工造就了屯溪绿茶的优异品质。

其次，屯绿的优异品质还来源于精细的采制工艺。屯溪绿茶的采摘十分精细，鲜叶原料多为一芽二叶或三叶嫩梢，这是成品茶鲜嫩可口的前提。精采后离不开巧制，屯绿的制作工序更是精湛。绿茶的制作方法分为分炒青、烘青两种，炒青是将鲜叶揉捻以后，放到茶锅里炒制成茶，用这种方法制成的绿茶芳香浓郁，茶汁浓厚，汤色碧绿清新。和炒青不同的是，烘青要揉捻后的鲜叶放在烘笼里烘制成茶，用这种方法制成的绿茶茶叶醇和，颜色深厚，汤色明净。前文介绍的西湖龙井和洞庭碧螺春都属炒青类，屯绿可分为炒青和烘青两种，多数为炒青。

和细嫩的西湖龙井、洞庭碧螺春不同，高级屯绿的制作流程可分三十七道工序，有几百种变化，须经十四天方可制成。制作屯溪绿茶要做到现采现制，一般是上午采茶，下午就开始制茶。制茶时，首先是鲜叶杀青，掌握"高温匀杀、先高后低、透闷结合、多透少闷"和"嫩叶老杀、老叶嫩杀"的原则；杀青后就是揉捻，对于嫩叶，要做到"轻压短揉"，而老叶则要"重压长揉"；揉捻后还有二青、三青的步骤，要掌握"分次、中间摊晾"的原则和"炒二青高温快炒，辉锅低温高炒"的技术。此时制成的还仅仅是毛茶，要制作精制屯绿，还要对毛茶进行分筛、抖筛、撩筛、风选、紧门、拣剔等工序，等初步分离出长、园、筋、片等形态的茶叶后，再分别进行加工。

制好的屯溪绿茶有珍眉、贡熙、特针、雨茶、秀眉、绿片等六个品种。珍眉是眉茶中的上品，条索紧结有锋苗，色泽绿润起霜，香味浓醇，汤色明净，叶底均匀，呈嫩黄绿色；贡熙是炒青制成的圆形茶，外形颗粒近似珠

绿茶

屯溪绿茶

采茶人

茶（也称圆茶，因外形得名，主产于浙江地区），圆叶底柔嫩；特针的外形尖锐纤细，是由断芽、嫩梗及少部分细小坚实的片粒混合而成的；雨茶形状细长，卷曲的较多；秀眉是从碎片、细末中提取得有筋骨的茶叶；绿片，顾名思义，是片状的屯溪绿茶。各种各样的屯溪绿茶分为六个花色十八个等级，此外，还可窖制茉莉、珠兰、玉兰、玳玳、桂花、玫瑰等花茶。

　　制好的屯溪绿茶富含维生素 C 和氨基酸，有鲜爽、清香、色泽翠绿的特点，要想品饮出这些特点，冲泡时就要控制好水温、茶与水比例、浸泡时间等因素。首先，选择透明的玻璃杯，这样可以直观地欣赏到茶汤的清澈翠绿。冲泡时，先在杯中倒入少量85—90℃的开水，等茶叶吸水舒张后再倒入开水，将茶与水的比例控制在 1 ∶ 50 左右，这样最能展现茶汤的品质，因为如果水太多，茶汤就会淡，反之则会苦涩。茶泡好后，为避免茶叶在水中浸泡时间过长，失去香味，可在第二、第三泡时将茶汤倒入大杯中，品茶时再将茶汤低斟入自己的茶杯中。

　　品屯溪绿茶，可按照闻香、观色、啜饮的步骤进行，徐徐咽下一小口屯溪绿茶，真是满口回甘，幽香绵长。

六、祁门红茶

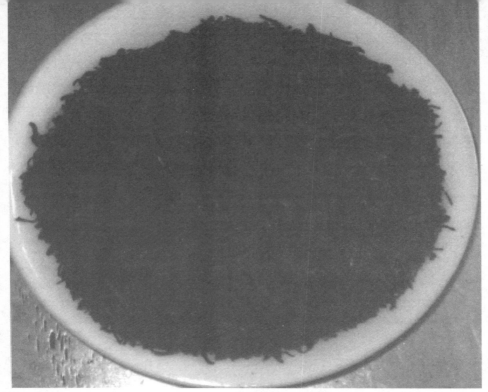

祁门红茶

祁门红茶，简称祁红，是红茶中的精品，产于安徽省西南部黄山支脉区的祁门县以及毗连的石埭、东至、黟县、贵池县一带。上一章已经介绍过，黄山附近茶区自然条件优越，十分适宜茶树的生长，祁门茶区的土质更是肥沃，不仅富含有机质，通气、透水性也好，产出了像祁门四大名茶这样的屯绿精品。其实，祁门县只有凫溪河流域出产屯绿精品，大多数地区则盛产红茶。这是因为，祁门茶区的土壤主要是由千枚岩、紫色页岩风化而成的黄土和红黄土，当地的茶树生长在肥沃的红黄土壤中，不仅芽叶柔嫩，还内含丰富的水溶性物质。

　　祁门自然条件优越，产茶历史悠久，从唐代便开始出产绿茶，但出产红茶却始于近代，关于祁红的产生，有两种说法。一种是清光绪年间，黟县人余干臣由福建罢官回原籍经商，他在至德县尧渡街设立红茶庄，仿效闽红茶制法试制红茶，制出的红茶品质出众，产地不断扩大，产量也不断提高，在他的带动下，附近茶农纷纷改制红茶，祁红产区逐渐形成；另一种说法是，祁门南乡贵溪人胡元龙十分重视农业生产，他自己创立日顺茶厂垦山种茶，于清光绪元年请来宁州师傅舒基立，按照宁红的制法，用自产茶叶试

茶园劳作

祁门红茶

制红茶，经过不断改进提高，终于在八年后制成色、香、味、形俱佳的上等红茶，胡元龙本人也作为祁红的创始人被后人尊称为"祁红鼻祖"。

虽然只有百余年历史，发展到今天，祁门红茶的品质也已经十分优异了。从外形上看，祁红条索紧细秀长，乌绿而带有光泽；从内质来看，祁红冲泡后汤色红艳明亮，具有清鲜持久的"砂糖香"或"苹果香"。上品祁红还蕴含有兰花的香味，被人们称为"祁门香"。更为独特的是，祁红的口感鲜醇酣厚，与牛奶或糖调饮后香味不但不减，反而更加馥郁。祁门红茶以优异的品质成为祁门的后

被茶园围绕的村落

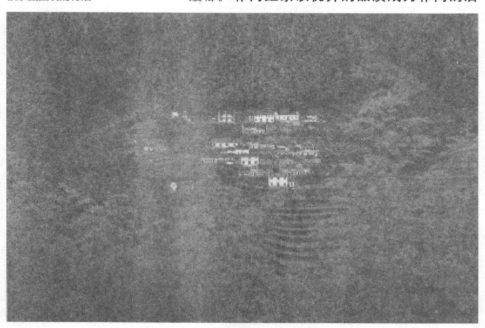

茶乡春光

起之秀，与印度的大吉岭红茶和斯里兰卡的乌伐红茶齐名，被誉作"世界三大高香名茶"。不仅如此，祁红还作为国家优质产品被送往巴拿马博览会展出，获得金质奖章，得到世界人民的认可。如今，祁门红茶已经盛销于国际茶叶市场，在加拿大、荷兰、德国、日本等几十个国家和地区都很受欢迎，尤其在英国，全国上下都以能品尝到祁红为口福，皇家贵族也以祁红作为时尚的饮品，赞美祁红为"群芳最"。

祁门红茶的采摘季节在春夏两季，所用

的茶树是全国茶叶品种审定委员会议定的国家良种——"祁门种"，此茶树为灌木型，茶叶叶质柔软、大小中等，形状椭圆，颜色碧绿而有光泽，叶面微微隆起。茶农按照分批、及时、多次的采摘标准，采摘鲜嫩茶芽的一芽二三叶，然后经过萎凋、揉捻、发酵等多道工序，使芽叶由绿色变成深褐色，文火烘焙后制作出红毛茶。萎凋是红毛茶制作过程中的第一步，也是十分重要的一步。现在，萎凋有室内自然萎凋、萎凋槽萎凋、萎凋机萎凋三种方式。由于祁门地区阴雨天较多，湿度较大，人们一般采用萎凋槽萎凋，这样可以缩短萎凋时间，提高萎凋效率。在萎凋

采茶

的过程中，需要每隔一小时翻一次叶，等四至五个小时后、叶茎变软、叶色暗绿、叶的含水量为 60% 左右时，便可以开始揉捻了。揉捻的过程和其他绿茶相似，这里就不再赘述了。

与绿茶相比，红茶的制作工序最重要的是多了发酵的过程。发酵俗称"发汗"，是指将揉捻后的茶叶按一定厚度摊放于特定的发酵盒中，茶坯中的化学成分在有氧情况下继续氧化变色的过程。揉捻叶经过发酵，才会形成红茶红叶红汤的品质特点。祁红发酵时的适宜温度为 24—28℃，相对湿度应在 95% 以上，春茶的发酵时间须三至五个小时，夏

晒干的茶叶

祁门红茶

秋茶约为两至三个小时。发酵后，祁红会发出像熟苹果一样的香气，叶片的青气会消失，叶色大部呈鲜明的铜红色（春茶略偏黄，夏秋茶略偏紫）。红毛茶制作的最后一步是烘干，以毛茶含水量达到 7 ～ 9% 为干燥适度，烘后摊凉。

红毛茶制成后，还须进行精制，才能制成合格的祁门红茶。祁门红茶以条形完整细紧、有尖锋、净度良好而闻名，精制时须对长短、粗细、弯直不一的毛茶加以筛分整形，再对筛分后的茶一一鉴评，把形质相近的茶拼在一起组成一个级别的商品茶，达到外形

茶花

匀齐美观的效果。在毛茶的揉捻过程中，不可避免地有断碎条、未紧条、弯曲条，精制时就要仔细地将它们区分出来，精细地筛分出茶的型号，还要有技巧地把茶拼出均匀整齐的外形。祁门红茶的精制需要十分精细的工作，要花费很多工夫，因此，人们又将祁门红茶称为祁门"工夫"红茶。祁门工夫红茶的基本制作流程就是上述过程，在具体操作时，还须根据茶的形质差异，灵活掌握"看茶制茶"的基本原则。

很多人品饮祁门红茶时喜欢清饮，所谓清饮就是只用水冲泡茶叶，不添加糖或奶等

炒茶

其它物质，一般的茶叶都是清饮为妙。但是，祁门红茶即使添加鲜奶或糖调饮，亦不失其清香，味道反而更加醇厚。人们一般喜欢在下午茶时间或睡前品饮祁门红茶，关于祁红的冲泡，也要注意一些事项。首先，冲泡祁门工夫红茶，一般要选用紫砂茶具或白瓷茶具；其次，冲泡茶叶的水温要比鲜嫩的绿茶高一些，一般在 90 ～ 95℃左右；再次，茶与水的比例应为 1 ：50 左右，好的祁红可以冲泡两三次。饮茶时，先刮去壶中的泡沫，再将茶水倒入杯中，品祁门红茶要细品它的高香，每天喝上两三杯，对身体十分有益。

七、信阳毛尖

信阳毛尖是我国著名绿茶之一，产于河南信阳的大别山区，因外表多显白毫，芽峰明显，且产于河南境内，又被人们称为"豫毛峰"。信阳毛尖是河南省著名的土特产，素来以原料细嫩、制工精巧、形状秀美、香高味长而闻名。关于信阳毛尖的来历，民间流传着一则美丽的传说。

相传唐朝时期，河南有座山叫做鸡公山，鸡公山上有个鸡公护山，各种害虫都不敢作乱，山上草木旺盛，鸟语花香，简直是人间仙境。天上的仙女们听说鸡公山的景色胜过仙界的百花园，都想一饱眼福，便请求王母娘娘让她们去鸡公山看看，王母娘娘答应了

信阳毛尖

仙女们的请求，让她们以三天为期限轮番下凡，这第一批下凡的，便是管理仙茶园的九个仙女。天上一日，人间一年，九个仙女在鸡公山待了一年后，看遍了四时的山川美景、名花异草，可是离回去的时限还有二年呢，她们就商量要为鸡公山办件好事，化作画眉鸟把天上的仙茶带到人间来。于是，她们托梦给鸡公山脚下一个叫吴大贵的读书人，告诉他说："鸡公山水足土肥，气候适宜种茶，明天开始，会有九只画眉鸟从仙茶园里给你衔来茶籽，你在门口的一棵大竹子上系个篮子，把茶籽收下，开春种到山坡上，到采茶炒茶的时候，我们来给你帮忙。"吴大贵第二

黄山毛峰

信阳毛尖

黄山松柏

天醒来后，半信半疑地照做了，没想到真的有画眉鸟衔来茶籽，九只画眉衔了三天三夜，共衔来九千九百九十九颗茶籽。第二年开春，吴大贵便把茶籽全种到山上，清明过后，茶籽发芽，长成了一片茶林。这时候，九个漂亮的仙女便来到茶林帮吴大贵采茶炒茶，一直忙到谷雨，仙女们才走。

茶叶制好了，吴大贵自己沏上一杯新茶品尝，竟然满口清香，浑身舒畅，一传十、十传百，这件事很快被知府听说了，知府马上派人来要茶。知府尝过茶叶后，拍案叫绝，当即把这茶叶定为贡品，献给唐玄宗。唐玄宗和杨贵妃喝了茶叶以后大加赞赏，不仅下旨要在鸡公山上修一座千佛塔，还赏赐吴大贵黄金千两，让他用心护理茶林。吴大贵一下子发了财，早把读书的事忘到脑后，他又是买地，又是建宅院，还做起了娶九个仙女为妻的美梦。第二年采茶时，仙女们准时到来，吴大贵就提出要和仙女们拜堂成亲，仙女们没想到之前发奋读书的吴大贵，有了钱后便贪色丧志，她们又羞又恼，便去找鸡公。鸡公知道了这件事后，决定除掉鸡公山的这条新蛀虫，他飞到吴大贵的院子上空，振翅一扇，下面便成了火海，他又飞到茶林，毁掉了九千九百九十七棵茶树，只留下两棵作种

杭州茶园

信阳毛尖

信阳毛尖

子。这时，京城的监工已经将准备建千佛塔的千块浮雕送到鸡公山附近的车云山了，他们得知茶林被毁，也不去鸡公山了，就把千块浮雕放在车云山下，回京交旨去了。后来，车云山栽上了遗留的茶籽，茶树长得特别好，当地的茶叶名声大噪，千佛塔也就建在了车云山上。

虽然这只是传说，但信阳地区的确已有两千多年的产茶历史，信阳毛尖也驰名已久。早在唐朝茶圣陆羽的《茶经》中，就把光州茶（即信阳毛尖）列为茶中上品，宋代的大文豪苏东坡也有"淮南茶信阳第一"的千古

定论。今天，信阳毛尖秉承千百年的制作工艺，具有了无与伦比的品质，无论色、香、味、形，均具有独特的个性。从外形上看，信阳毛尖细、圆、光、直，多显白毫，色泽翠绿鲜润，干净而不含杂质；从内质来看，信阳毛尖冲泡后汤色嫩绿、明亮清澈，香气鲜嫩高雅、清新持久，味道鲜爽浓醇、回甘生津，冲泡四五次后仍保持长久的熟栗子香。

优异的品质为信阳毛尖带来无尽的荣誉，20世纪以来，信阳毛尖先后在国际、国内获奖，不仅被列为我国十大名茶之一，还被评为国家、部级优质名茶、中国茶文化名茶，被选送到全国优质农产品展评会展出。如今，信阳毛尖已被销往国内二十多个省区及日本、德国、美国、新加坡、马来西亚等十多个国家，深受人们欢迎。

信阳毛尖独特优异的品质首先来源于得天独厚的自然环境。信阳毛尖的茶园主要分布在"五山两潭"，即车云山、天云山、脊云山、震雷山、云雾山和黑龙潭、白龙潭，另外，在河家寨、灵山寺等地也有信阳毛尖出产。信阳西面的车云山是云雾弥漫的高山地带，产茶品质最优；黑白两潭一年四季流水潺潺，如烟的水气滋润了柔嫩的茶芽，为信阳毛尖的独特品质提供了自然条件……这些

毛尖茶园

信阳毛尖

地方都是五百米以上的崇山峻岭，林木茂盛、溪泉长流、云雾弥漫，气候条件优越，是生产绿茶的理想环境。

另外，信阳毛尖的采制工艺也极为精细。采摘是制出好茶的第一关，信阳毛尖的采摘时间为三个月左右，一般自四月中、下旬开始，每隔两三天采一次，分二十至二十五批次采摘。采摘时要求芽叶细嫩匀净，等新梢长到一芽二三叶时，采摘一芽一叶或初展的一芽二叶，制作特级或一级毛尖，一芽二三叶只能制二三级毛尖。芽叶采下后，要分级验收、摊放、炒制。摊放要选择通风干净的地方，叶子厚度不超过五寸，摊放时间不超

泡茶

过十个小时，鲜叶经摊放后，再进行炒制。

信阳毛尖的炒制兼收并蓄了瓜片茶与龙井茶的部分操作，分为杀青、炒条、烘焙三道工序。杀青（当地俗称"生锅"）时将锅斜置，将500克左右的茶叶投入120～140℃的锅内，然后用炒把翻炒，这一方法是瓜片茶炒法的

《陆羽煮茶图》

演变，可以使茶叶受热均匀。三至四分钟后
叶变软时，再用炒把末端扫拢叶子，使叶子
在锅中作往复与圆周运动，从而起到揉捻作
用，使叶子初步成条。当叶子炒至五六成干时，
就可以进行炒条了。信阳毛尖的炒条（当地
俗称"熟锅"），沿袭了龙井茶的炒制，使用

茶道

理条手法，其作用在于制形。炒条时，锅温为八十度左右，先用炒把带茶沿着锅壁往复炒动，使茶叶团块散开、条形挺直，当茶叶黏性消失时，再改为手炒理条，用抓、甩等手法使茶叶在蒸发水分的同时收缩条形，达到条索紧直的效果，茶叶达到八成干时开始烘焙。烘焙分毛烘和足烘两步，毛烘的温度为 80℃左右，当茶叶约烘至九成干时倒出摊凉，五六个小时后再进行足烘，足烘时烘温为 50～60℃，茶叶烘干后剔去片、梗，便制成了信阳毛尖茶，制成的信阳毛尖，带着一股熟板栗的香味。

　　信阳毛尖泡好后，色泽清绿，香味醇正，让人心旷神怡，饮一口，滋味鲜爽，余味回甘，好的信阳毛尖冲泡四五次后仍芳香四溢。如果选用信阳当地的甘甜地下水，冲泡出的信阳毛尖就更入味了。

泡茶

信阳毛尖

八、君山银针

君山银针是我国著名黄茶之一，其成品茶条索紧实、大小均匀、茶芽内面金黄、外层白毫明显，外形恰似一根根银针，又因其产于湖南岳阳洞庭湖的君山之上，故名君山银针。

君山四面环水，是洞庭湖中的岛屿，素有"白银盘里一青螺"之称，岛上树木丛生，不仅气候温和、雨量充沛、空气湿润，土壤也十分肥沃。尤其春夏两季，洞庭湖上水汽蒸发，君山云雾弥漫，自然环境非常适合茶树生长，因此，君山之上遍布茶园，所产银针茶叶质量优异。君山银针全由芽头制成，茶身满布白毫，色泽鲜亮，冲泡后不仅香气

君山银针

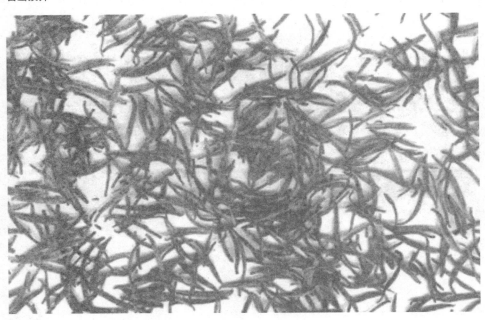

清高、汤色黄亮、滋味甘醇，还有一番蔚成趣观的景象，其茶芽如根根银针直立向上，在水中几番飞舞之后团聚立于杯底，煞是好看。

　　君山银针具有悠久的历史，据传，君山银针源于唐朝的"白鹤茶"。初唐时，有一个云游道士名为白鹤真人，他从海外的仙山带来八棵神仙赐予的茶苗种在君山岛上。仙茶长成后，白鹤真人挖了一口白鹤井，他用白鹤井水泡茶时，杯中的茶叶都竖了起来，像破土而出的春笋一般上下沉浮，杯中水气袅袅上升，竟有一只白鹤冲天而去，因此，此茶便得名"白鹤茶"。后来，白鹤茶传到长安，

六安瓜片

深得皇室宠爱，皇上便将白鹤茶和白鹤井水都定为贡品，年年进献。有一年进贡时，长江的风浪把船上盛白鹤井水的罐子给刮翻了，官员们大惊失色，便取了一些江水充数。茶和水都运到京城后，皇上泡茶时只见茶芽在水中上下沉浮，却不见了白鹤冲天，心中十分纳闷，便说道："白鹤居然死了！"没想到金口一开，白鹤井的井水真的枯竭了，白鹤真人也不知所踪，唯有白鹤茶流传下来，成为今天的君山银针。

传说归传说，君山茶确是在唐代就已产生并且成名了。到清代时，君山茶分为"茸茶"和"尖茶"两种，茸茶由采摘后的嫩叶制成，尖茶则由茶芽制成。尖茶外形如剑、白毛茸然,被纳为贡茶,俗称"贡尖",在《巴陵县志》中有记载:"君山贡茶自清始,每岁贡十八斤,谷雨前,知县邀山僧采制一旗一枪,白毛茸然,俗呼白毛茶。"经过千百年发展,今天的君山银针茶不仅成为我国十大名茶之一,还在德国莱比锡国际博览会上荣获了金质奖章,它的优异品质得到了世界人民的认可。

好茶的品质离不开精细的采制工艺,君山银针的采制要求很高:采摘茶叶的时间只能在清明节前后七至十天内,且不能在雨天、风霜天采摘;制作时,要选春茶的首轮嫩芽,

六安瓜片

君山银针

而且要经过精细的挑选，以肥壮、多毫、大小均匀（长25毫米—30毫米）的嫩芽制作银针，凡是有虫伤的、细瘦的、弯曲的、空心的、开口的、发紫的、不合尺寸的茶芽，都不能用来制作君山银针。因此，就算是采摘能手，一个人一天也只能采摘200克左右的鲜茶，这就使得君山银针更加珍贵无比了。

君山银针属黄茶，它的制作分为杀青、摊凉、初烘、二次摊凉、初包、复烘、再次摊凉、复包、焙干等工序。首先是杀青，君山银针的原料都是特嫩的茶芽，因此，杀青时锅温要求较低，开始时100℃左右，以后

崂山茶园

烘干的茶叶

逐渐降至 80℃，炒时动作需要轻而快，切忌重力摩擦，以防芽弯、脱毫、色暗，五分钟后，当芽变软、青气消失、茶香透露时，即为杀青适度，此时茶芽约减重三成。杀青后，将茶芽摊放在竹盘里散发热气，四五分钟后开始初烘。和杀青一样，君山银针烘焙时也要求锅温较低，约为 50 ～ 60℃，时间约为二十五分钟，烘时需翻动四至五次，茶烘至五成干时为适度，初烘后如果茶水分过

采茶

多，则香低色暗，过少则芽色青绿，不符合黄茶色泽要求。初烘后，再进行摊凉降低茶温，然后便可开始初包了。

初烘叶经摊凉后，即用双层皮纸包裹好，以三四斤茶为一包，置于发酵箱内，放置四十至四十八个小时，这个过程较长，也是制作黄茶的关键，叫做初包焖黄。在初包过程中，由于叶芽氧化放热，包内茶温会逐渐上升，因此，一包茶不能过多或过少，如果茶过多，氧化作用剧烈，茶芽容易变暗，如果过少，氧化作用又会缓慢，达不到初包焖黄的要求。初包进行二十四小时后，包内温

杭州茶园

度可能会升到 30℃左右，此时应及时将包打开，把包内茶的外围部分和中间部分调换位置，以便及时散热、转色均匀。初包的整个过程要控制好包内温度，根据温度确定初包时间的长短，当茶芽呈现黄色时，即可松包复烘。初包发酵是形成黄茶品质特性的关键，经过这个过程，君山银针的品质风格就基本形成了。

复烘的温度在 50℃度左右，作用是进一步蒸发水分，固定已形成的有效物质，减缓茶芽在复包过程中某些物质的转化，当烘至八成干（若初包发酵不足，可烘至七成干）

君山银针

"茶圣"陆羽像

茶山风光

时摊凉，然后进行复包。复包方法与初包相同，主要作用是补充初包发酵程度的不足，历时二十小时左右，以茶芽色泽金黄、香气浓郁为适度。复包后，用足火焙干茶芽，然后按色泽、外形对君山银针进行分级，制作过程就结束了。

君山银针是黄茶中的极品，冲泡好后茶汤嫩黄，叶底明亮，被人们称为"琼浆玉液"，不仅香气清高，滋味醇厚，还极具观赏性，因此，人们品饮君山银针时讲究在欣赏中饮茶。冲泡时，选用清澈的山泉和透明的玻璃杯，并用玻璃片作盖，先将玻璃杯冲洗好后擦净，以防茶芽吸水变软而影响它在水中竖立的景

淮北老茶馆

象，然后，将茶叶放入杯中，倒入70℃左右的开水（君山银针极嫩，切忌温度过高）。五分钟之后，打开杯盖，就会看见一缕白雾从杯中冉冉升起，本来横卧水中的茶芽由于吸水而直立下沉，芽尖产生气泡，在气泡的浮力作用下，茶芽再次浮升，犹如春笋出土，如此来回几次，茶芽在水中上下沉浮，形成军人所谓"刀枪林立"、文人所谓"雨后春笋"、艺人所谓"金菊怒放"的奇趣景观。赏茶之后，就可以端起杯子闻香、品饮了，相信君山银针沁人心脾的清香，一定会让你如痴如醉的。

九、云南普洱

普洱茶砖

普洱茶，又称滇青茶，是以云南所产大叶种晒青茶为原料制成的特种茶，因其历史上曾在普洱县集散运销，故得名普洱茶。根据国家规定，现在只有地理标志保护范围内的云南省普洱、昆明、西双版纳等州市的六百三十九个乡镇所产的茶才能叫普洱茶。

云南是世界茶树的原生地，各种各样的茶叶都源于云南的普洱茶产区，因此，普洱茶的历史也十分悠久。根据文字记载，早在三千多年前，云南就已经有人种茶献茶给周武王，但当时还没有普洱茶这个名称；到了唐朝时，普洱茶区大规模种植生产的茶叶被称为"普茶"；宋明时期，普茶逐渐走出云南

普洱茶块

而流通于中原地区；等到清朝，普茶不仅成为皇室贡茶，还被作为国礼赐给外国使者。史料记载为："普茶名重天下……茶山周八百里，入山作茶者数十万人，茶客收买，运于各处""普洱茶名遍天下，京师尤重之"，普洱茶达到了它的第一个鼎盛时期。

值得注意的是，旧时的云南交通闭塞，茶叶要靠人背马驮、历时一年半载才能被运到外地，人们便把茶叶制成茶砖、茶块，以便运输。由于长时间的运输，茶叶发生质变，形成了大量红黄色或褐红色的氧化物，晒青的绿茶变得色泽褐红，但是，与此同时，茶叶却产生了一种奇妙的陈香，形成了独特的

普洱茶

风格。随着社会的进步，旧时的普洱茶已成为历史，交通的便利使茶叶失去了自然发酵的条件。但是，今天的普洱茶不仅没有失去原有的品质，反而更上一层楼、成为我国十大名茶之一了。从外形上看，普洱茶条索紧直、金毫明显、芽壮叶肥，颜色黄绿间有红斑；从内质来看，普洱茶香气高锐持久，带有云南大叶种特性的独特香型，冲泡后叶底细嫩褐红，陈香浓郁，滋味甘醇。普洱茶的这些品质特性，和它的原料、产区条件、制作工艺及储藏环境都有密切的关系。

首先，从原料来看，普洱茶选用云南特有的大叶种茶树，其芽叶不仅茸毫茂密，且极其肥壮，叶片长度约为12—24厘米，有革质，比其他茶树品种都厚韧。另外，这种茶树的芽叶中含有较多的酚类化合物和生物碱，这使得制成的普洱茶具有茶味浓强、富于刺激性和耐泡的特点，冲泡五六次后仍有余香。因此，普洱茶的香气高锐持久，一直受国内和东南亚一带消费者的喜爱。

其次，从产区的自然条件来看，云南茶区多分布在澜沧江两岸的山区和丘陵地带的温凉、湿热地区，这些地区海拔较高，气候温暖湿润，土壤肥沃，有机质含量丰富，为

普洱茶

茶树的生长创造了良好的条件。云南不仅气候条件优越，而且光照充足、植被丰富，大叶种茶树生长在云南这个植物王国中，营养吸收好，茶叶中积累了丰富的儿茶素、维生素等物质，茶叶中的水浸物和茶多酚含量都相对较高，这些物质对普洱茶发酵后形成的沉香特色有着重要的作用。此外，云南得天独厚的气候条件对普洱茶的陈放过程（普洱茶越陈越香）也十分有益，普洱茶陈放在云南，茶质变化快速而自然，不失山野茶的本色，陈香馥郁且具有保健功效，同样的普洱茶，陈贮在西双版纳茶区和陈贮在北京，由于气候的差异，其陈化程度和口感都会有很大差异。

从采摘工艺来看，普洱茶的采摘期从3月开始，到11月结束，分为春、夏、秋三期茶。春茶的采期为3月初到4月，夏茶为5月至7月，秋茶则为8月至11月。采茶时，一般采一芽二三叶，也有采摘一芽三四叶的，要根据具体情况制订不同的采摘标准，像西双版纳茶区，气候温暖、雨量充沛、土层深厚肥沃、有机质含量丰富，茶树长得高大但分枝发芽不多，其芽叶茸毫茂密，极其肥壮，且具有良好的持嫩性，新梢即使长到五至六叶，其

杭州茶园

叶质仍然很柔软，在这样的条件下，不但采
摘时期较长，芽叶的品质也很优秀。

云南普洱茶屏风

　　最后，普洱茶极具科学性的制作工艺也
是形成其独特品质的关键。普洱茶属于特种
茶，它的制法为亚发酵青茶制法，分为杀青、
初揉、初堆发酵、复揉、再堆发酵、初干、

普洱茶制作

再揉、烘干八道工序。首先是杀青，杀青的锅温为100—120℃，先用双手翻炒四五分钟，等叶间水蒸气大量蒸发后改用闷炒，直到叶茎热软、青气消失为止。然后是初揉，这个过程要揉到茶叶汁出条紧，再进行初堆发酵。初堆发酵具有亚发酵的特性，能使叶的青气去净，茶味变醇，达到叶色黄绿带红斑、茶叶冲后茶汤橙黄的效果，约历时六至八个小时。初堆发酵后进行复揉，再次造型，同时促使发酵程度均匀，二十分钟后进行再堆发酵。再堆发酵要将茶叶团块堆积发酵，历时十二至十八个小时，达到普洱茶应有的发酵程度。然后，将茶叶拿出去日晒进行初干，晒至四五成干时再次揉捻，等茶条紧索、表面光润，便可进行烘干了，将茶烘至足干，即成云南普洱茶。

普洱生茶制成之后，还需要漫长的熟化过程，以便茶叶味道纯正，质量稳定。和一般茶叶不同的是，普洱茶存放的时间越长，其香气越发鲜活持久，干仓存放两三年甚至七八年的普洱茶，才是普洱中的上品。因此，

云南昆明茶叶市场

云南普洱

泡茶

云南普洱有越陈越香的性质，被人们称为"可以喝的古董"，具有独特的典藏价值。

不同于红茶的浓艳、绿茶的清新，普洱茶给人们带来的是健康和成熟的魅力。在古代，人们认为普洱茶具有"解油腻，利肠通泄，醒酒，消食去胃胀，生津，疗喉痛，和以姜汤能发汗治伤风，止皮肤出血"等药效。今天，科学也证明普洱茶具有降脂减肥、降压、防癌、养胃、抗衰老、美容等功效。其特殊的药用功效已经获得举世认可，使普洱在众多名茶中独具一格。

普洱如此卓尔不群，在冲泡时，也要充分考虑到它的独特品性，才能品出普洱的真韵。首先，一般普洱茶储存时间较长，最好先将茶块打开暴露在空气中一段时间，冲泡时味道才更好；其次，冲泡普洱时应该选用容积较大的器具，以避免茶汤过浓；再次，冲泡普洱茶的热水宜选用 100℃的沸水，第一遍冲泡是唤醒茶叶香气、洗净茶叶的过程，第二次以后的茶汤才可入口。品尝普洱茶时，趁热闻香，可以嗅到其高雅沁心的芬芳，入口时，甘甜醇厚、满口陈香。初次饮普洱，可能会不适应它独特的味道，但是，一旦用心去品，就会感受到普洱茶苦去甘来的奇妙。

普洱茶饼

十、云南滇红

滇红，是云南红茶的统称，分为滇红功夫茶和滇红碎茶两种。滇红功夫茶是条形茶，滋味醇和，滇红碎茶则是颗粒形茶，滋味强烈富有刺激性，人们一般以功夫茶为滇红中的上品。

滇红茶和普洱茶一样，产于澜沧江、怒江两大水系之间的云南高原上，以云南大叶种类型的茶为原料制成。但是，滇红远没有普洱那样悠久的历史，它诞生于近代。1939年，在云南凤庆，中国茶叶贸易公司利用云南大叶种茶树鲜叶首先试制出功夫红茶，当时这种红茶被命名为"云红"，第二年，根据香港富华公司的建议，云红改名"滇红"，此后逐

茶山早春

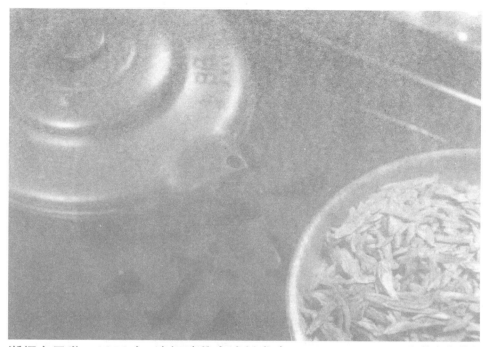

渐闻名于世。1958年,滇红碎茶也试制成功。

如今，滇红以"形美、色艳、香高、味浓"称绝于世，不仅销往全国各大城市，还广受欧洲、北美等三十多个国家和地区的欢迎，其优异的品质得到了世人的认可。

滇红最大的特征就是金毫显露，其毫色有淡黄、菊黄、金黄几种，不同地点、不同季节产出的滇红，其毫色也不尽相同。例如，凤庆、云昌等地所产的滇红毫色菊黄，而临沧、勐海等地所产的滇红毫色金黄。在同一茶园，春茶的毫色淡黄、夏茶的毫色菊黄、而秋茶的毫色则多为金黄……滇红功夫茶的另一大

沏茶十分讲究

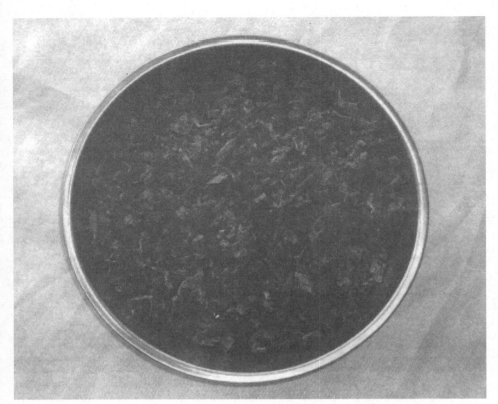

茶叶

特征就是香气浓郁持久，这是一种源于茶树品种和地区性特点的特殊浓香。另外，滇红芽壮叶肥、色泽红黄鲜明，冲泡后滋味浓强而醇爽、汤色红浓艳明，是一种既耐泡又耐贮藏的茶叶，数年贮藏后经三四次冲泡仍香味浓厚。不仅如此，滇红功夫茶中的极品都是以鲜嫩的一芽一叶制造而成，其苗锋秀丽完整、金毫多而显露、色泽乌黑油润，冲泡后则汤色红浓透明、滋味浓厚鲜爽、香气高醇持久，叶底红匀明亮，被人们认为是最高

云南滇红

采茶

云南滇红

级的礼品茶。

云南滇红

"张一元"茶叶

云南滇红的优异品质，首先得益于得天独厚的自然条件。滇红的主要产地位于云南高原，境内群山起伏，平均海拔都在千米以上，四季温暖，日照充足，每年的五月到十月为雨季，集中了全年九成的降雨量，形成温暖湿润的环境。另外，滇红茶树区土层深厚而肥沃，土壤以红壤、黄壤为主，富含有机质和氮、磷、钾等物质。不仅如此，滇红茶也和普洱一样取材于品性优良的云南大叶种茶树，所产茶叶不仅芽壮叶肥，白毫茂密，还具有良好的持嫩性，叶长到五六片依然柔嫩。前一章已经介绍过，云南大叶种茶树所产茶叶含有较多的多酚类化合物和生物碱等成分，这使得制成的滇红茶香味浓强、汤色红亮、十分耐泡，成为我国红茶中的佼佼者。

长期温暖湿润的气候、肥沃的土壤和长势旺盛的茶树等有利条件，使得滇红的采摘时间比一般茶叶都早，茶树发芽的次数也较多，即使进入冬季，滇南地区的茶树仍有发芽的情况，出现了采制冬茶的罕见景观。现在，滇红茶的采摘一般从 3 月中旬开始，至 11 月中旬结束，持续 8 个月左右。3 月中旬至 5 月中旬采摘的春茶产量约占全年总产量的 55%；

5 月中旬至 8 月中旬所产夏茶产量约占全年的 30%；8 月下旬至 11 月中旬所产的秋茶产量约占全年的 15%。滇红茶芽叶的采摘标准，要根据制茶级的不同而制定，除特级滇红茶需要一芽一叶外，一般都是采摘一芽二三叶。

我们可以看到，云南滇红和云南普洱的原料、产地、采摘情况大体相似，那么，这两种茶的区别到底在哪里呢？二者的差异主要在于制作工艺的不同。普洱茶是后发酵茶，它在储藏的过程中将一直进行自然发酵，即使是人工发酵的熟茶，制好后也还会继续发

茶叶

云南滇红

酵，所以普洱茶有生熟之分；红茶则没有生熟之分，它是先发酵茶，生产过程一结束，它的发酵也就停止了。

滇红的制作过程，大体分为萎凋、揉捻、发酵、烘焙几道工序。首先是萎凋，萎凋有室内自然萎凋和萎凋槽萎凋两种方式。室内自然萎凋的室温应控制在 20℃—24℃左右，相对湿度应在 70% 上下，一至二级的滇红茶需历时十至十四小时完成，而三至四级滇红则需要十五至十八小时方可完成萎凋，萎凋完成后，茶叶的含水量应在 60% 左右。为提高萎凋效率，现在人们大多采用萎凋槽萎凋，萎凋槽一昼夜就可完成一千千克鲜叶的萎凋。

干茶

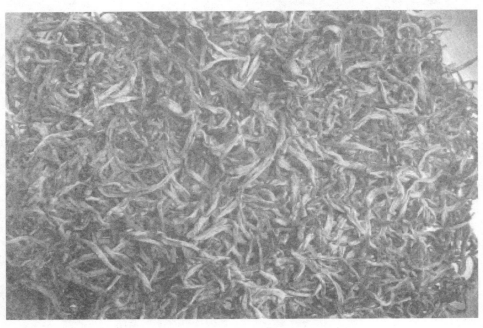

萎凋后要进行揉捻，揉捻的作用主要在于造型，不再赘述。揉捻之后，就是制作红茶的关键步骤——发酵了。发酵时，把揉捻叶以五至七厘米的叶层厚度摊放在发酵筐里，控制好发酵室的室温及相对湿度（室温以 23—26℃为宜，相对湿度应在 90% 以上）。由于发酵的过程中的氧化作用，凝附于茶叶表面的茶汁会泛红，当叶片颜色变为铜红色，茸毫变得金黄并发出熟苹果的香气时，发酵过程就结束了。然后进行烘焙的过程，当烘至茶的含水量为 5—6% 时，红茶就制作好了。

当然，这样制作出的只是红毛茶，毛茶

潮州凤凰镇茶村

制好后，还要把各级红茶分类归堆、分级加工精制，然后才能制出各级滇红，挑出上等的功夫茶。

很多人都知道，滇红的品饮，多加糖加奶调和饮用，这样不仅不会失去滇红原有的浓香，茶的滋味还会变得更加醇厚。冲泡滇红时，参考祁红和普洱的冲泡方法，泡好的滇红不仅茶汤红艳明亮，能给你带来视觉的享受，更有一种特别的浓香，能给你带来嗅觉和味觉的冲击。午后或睡前饮一杯云南滇红，在生津解渴的同时又能舒缓神经，何乐而不为呢？